BEI GRIN MACHT SICH IHR WISSEN BEZAHLT

AF152854

- Wir veröffentlichen Ihre Hausarbeit,
  Bachelor- und Masterarbeit

- Ihr eigenes eBook und Buch -
  weltweit in allen wichtigen Shops

- Verdienen Sie an jedem Verkauf

Jetzt bei www.GRIN.com hochladen und kostenlos publizieren

Roman Kühn

Bodenbildungsprozesse der Pedosphäre

Transformations- und Translokationsprozesse

GRIN Verlag

Bibliografische Information der Deutschen Nationalbibliothek:

Die Deutsche Bibliothek verzeichnet diese Publikation in der Deutschen National-
bibliografie; detaillierte bibliografische Daten sind im Internet über http://dnb.d-
nb.de/ abrufbar.

Dieses Werk sowie alle darin enthaltenen einzelnen Beiträge und Abbildungen
sind urheberrechtlich geschützt. Jede Verwertung, die nicht ausdrücklich vom
Urheberrechtsschutz zugelassen ist, bedarf der vorherigen Zustimmung des Verla-
ges. Das gilt insbesondere für Vervielfältigungen, Bearbeitungen, Übersetzungen,
Mikroverfilmungen, Auswertungen durch Datenbanken und für die Einspeicherung
und Verarbeitung in elektronische Systeme. Alle Rechte, auch die des auszugsweisen
Nachdrucks, der fotomechanischen Wiedergabe (einschließlich Mikrokopie) sowie
der Auswertung durch Datenbanken oder ähnliche Einrichtungen, vorbehalten.

Impressum:

Copyright © 2012 GRIN Verlag GmbH
Druck und Bindung: Books on Demand GmbH, Norderstedt Germany
ISBN: 978-3-656-72299-1

Dieses Buch bei GRIN:

http://www.grin.com/de/e-book/279220/bodenbildungsprozesse-der-pedosphaere

GRIN - Your knowledge has value

Der GRIN Verlag publiziert seit 1998 wissenschaftliche Arbeiten von Studenten, Hochschullehrern und anderen Akademikern als eBook und gedrucktes Buch. Die Verlagswebsite www.grin.com ist die ideale Plattform zur Veröffentlichung von Hausarbeiten, Abschlussarbeiten, wissenschaftlichen Aufsätzen, Dissertationen und Fachbüchern.

Besuchen Sie uns im Internet:

http://www.grin.com/

http://www.facebook.com/grincom

http://www.twitter.com/grin_com

Bodenbildungsprozesse

Inhaltsverzeichnis

1.Einleitung

„Die Böden bilden eine nur hautartige dünne Lockerdecke von durchschnittlich ½ bis 2 m Stärke auf dem weitaus größeren Teil der festen Erdrinde, sofern nicht besonders ungünstige Umweltbedingungen ihre Entstehung verhindern [10]. Trotz ihrer im Vergleich zur Atmosphäre und Lithosphäre so geringen Dicke sind sie aber infolge ihrer arteigenen Fruchtbarkeit die Träger allen Lebens auf der Erde und damit die Grundlage aller materiellen Kultur."

(Ganssen 1965:13)

Das einleitende Zitat von R. Ganssen verdeutlicht die enorme Bedeutung des Forschungsfeldes der Pedogenese. Die Pedosphäre ist nicht nur aufgrund der Tatsache, dass sie durch die Litho-, die Bio- und die Atmosphäre durchdrungen wird einzigartig. Sie ist auch zugleich die Basis für jegliche organische Lebensform auf unserem Planeten. Die Erforschung der Pedosphäre ist besonders für die Existenz und zivilisatorische Entwicklung des Menschen von signifikantem Stellenwert.

In dieser Hausarbeit werden die Bodenbildenden Prozesse der Pedogenese behandelt. Besonderes Augenmerk wird auf die Prozesse gelegt, die einen äußerst prägenden Einfluss auf die Bodenentwicklung der Gemäßigten Breiten und speziell Mitteleuropas haben. Einer einleitenden Definition des Begriffes Boden, sowie der kurzen Erläuterung der für die Pedogenese zuständigen Faktoren, folgt der Hauptteil, in dem die Bodenbildenden Prozesse näher behandelt werden. Die Hausarbeit wird dann mit einem abschließenden Fazit beendet.

2. Definition des Begriffs Boden

Der Begriff „Boden" kann laut Schroeder (1983:9) folgendermaßen definiert werden. „Boden ist das mit Wasser, Luft und Lebewesen durchsetzte, unter dem Einfluss der Umweltfaktoren an der Erdoberfläche entstandene und im Ablauf der Zeit sich weiterentwickelnde Umwandlungsprodukt mineralischer und organischer Substanzen mit eigener morphologischer Organisation, das in der Lage ist, höheren Pflanzen als Standort zu dienen und die Lebensgrundlage für Tiere und Menschen bildet."

Wie man anhand der Abb. 1 sehen kann, setzt sich das Bodengefüge aus verschiedenen Schichten zusammen. Die feste Bodensubstanz, die aus Streu, Humus und dem jeweiligen Ausgangsgestein, besteht, bildet die obere Schicht. Das Ausgangsgestein trägt eine signifikante Funktion zur Bildung eines jeweiligen Bodentyps bei. Es sind aber auch flüssige und gasförmige Bestandteile, in Form von zirkulierendem Wasser und Bodenluft, in einem Bodenprofil enthalten. Ergänzt werden diese beiden Phasen von einer Kleinlebewelt bestehend aus Pflanzen und Bodentieren.

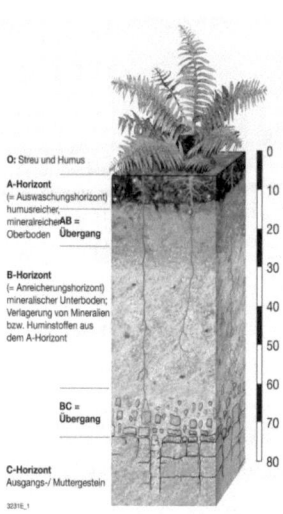

Abb. 1 diercke.de

Die Pedosphäre ist ein offenes System und somit einer stetigen inneren Veränderung durch Klima- und Umwelteinflüsse unterworfen (Ganssen1965:17). Die wichtigsten Faktoren, die auf den Verlauf der Pedogenese einwirken sind die Vegetation, das Klima, das Ausgangsgestein, der Mensch und die Zeit (Abb. 2).

Die einzelnen Faktoren haben eine wechselseitige Interpendenz zueinander und zu den Bodenbildenden Prozessen. Die Entwicklung eines Bodens, beginnend vom Ausgangsgestein bis zu der Herauskristallisierung einer vielschichtigen Abfolge von Bodenhorizonten, die über den Verlauf der Zeit durch Ablagerungen und Bodenbildende Prozesse entstanden sind, ist diesen Faktoren unterworfen.

Das Klima ist der entscheidendste Faktor der Pedogenese. Die Komponenten Sonneneinstrahlung, Niederschlag, Temperatur und relative Luftfeuchte lenken die Prozesse der Verwitterung, den Wasserhaushalt, die Bioturbation und damit auch die Intensität der Humusbildung, desweiteren steuert das Klima die Prozesse der Verlagerung einzelner Stoffe im Bodenprofil durch Stau- und Grundwasser. Das Gestein bil-

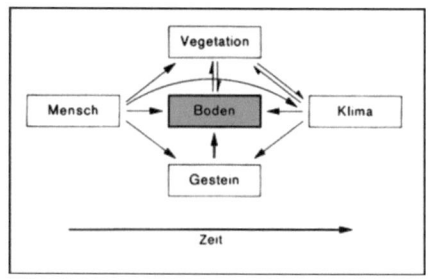

Abb. 2 Schroeder 1983:83

det die Basis für den entstehenden Bodentyp. Die chemische und mineralische Zusammensetzung des jeweiligen Ausgangsgesteins ist von entscheidender Bedeutung für die Geschwindigkeit der Pedogenese, den Nährstoffgehalt, die natürliche Fruchtbarkeit, die Verwitterung und die Bodenvegetation (Baden et al. 1969:70). Die Vegetation hat eine Schutzfunktion für den Boden gegenüber Niederschlag, Winderosion, Sonnenstrahlung und Erosion. Außerdem ist die Vegetation, in Kombination mit den Bodentieren, Hauptproduzent für die Huminstoffbildung (Ganssen 1965:21). Die anthropogene Nutzbarmachung des Bodens durch den Menschen für die Landwirtschaftliche Nutzung und die Nutzung als Baufläche, trägt zu einer Hemmnis der Bodenentwicklung und Versieglung des Bodens bei. Die starke Überbeanspruchung der Kulturböden kann zu einer Versalzung und anschließenden Desertifikation führen.

3. Bodenbildende Prozesse

Die, in Punkt 2 erwähnten, Bodenbildenden Faktoren sind für das Ausmaß der Wirkungsweise der Pedogenetischen Prozesse verantwortlich (s. Abb. 3). Diese Prozesse steuern die Entwicklungsvorgänge des Bodens, der in seiner Profilierung resultiert. Dabei werden die Prozesse in zwei Gruppen gegliedert.

3.1. Transformationsprozesse

Die Transformationsprozesse sind an der Bildung des Bodengefüges und der Entwicklung eines Bodenhorizonts aus mineralischen und organischen Ausgangssubstanzen beteiligt. Bei diesen Vorgängen findet kein Transport von einzelnen Stoffen statt (Schroeder 1983:91). Zu den Transformationsprozessen gehören die Verwitterung, Mineralneubildung, Verbraunung und die Humifizierung.

Die Verwitterung führt „zu einer Profildifferenzierung, weil sie in den einzelnen Horizonten mit unterschiedlicher Intensität ablaufen und dabei in unterschiedlichem Maße verschiedene neue Minerale entstehen." (Blume et al. 2010:282). Nach Schroeder (1983:91) führt sie zu einem Zerfall der Gesteine und Minerale in kleinere Partikel und bewirkt damit eine Vergrößerung der

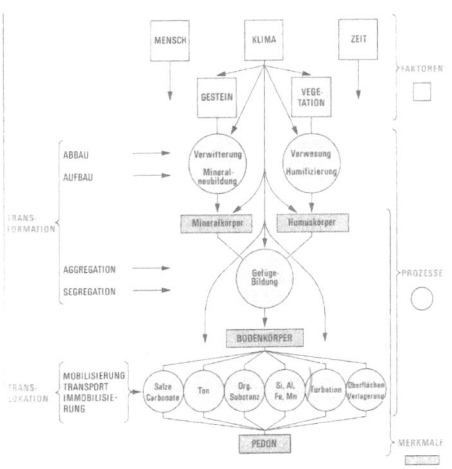

Abb. 3 Schroeder 1983:91

3

spezifischen Oberfläche. Unterschieden wird dabei in physikalische und chemische Verwitterung.

Die physikalische Verwitterung kann in unterschiedlichen Formen erfolgen. Bei der Temperatursprengung führt der Wandel zwischen einer Erwärmung und Abkühlung des Bodens, aufgrund von schwankenden Temperaturen, zu einer Volumenvergrößerung, - verkleinerung des Gesteins und des Bodengefüges und somit zu Spannungen und schließlich zu Rissen und Spalten im Boden. Die Temperatursprengung ist vor allem im Hochgebirge oder an Südhängen verbreitet. Bei der Frostsprengung/ Kryoklastik führt eine Volumenvergrößerung von wechselseitigem gefrorenem und aufgetautem Wasser zu einer Verwitterung des Bodens. Dies geschieht aufgrund der maximalen Dichte, die das Wasser bei 4 °C besitzt. Besonders für kühlere Klimate und die Auftaubereiche von Permafrostböden ist diese Verwitterungsform profilprägend. Dabei werden „die Minerale des Oberbodens [...] von ihr umso intensiver zerkleinert, je häufiger Gefrieren und Auftauen wechseln, was von der sommerlichen Auftautiefe (0,2...1,5m) abhängt (Blume et al. 2010:282). Die Bioklastik führt ihre Sprengwirkung auf die Quellung und das Wachstum von Wurzeln zurück. Durch die physikalische Verwitterung wird das zerkleinerte Gesteins-, Bodenmaterial der Korngröße nach sortiert und im Bodenprofil durchmischt.

Nach Schroeder (1983:21) werden „Die der Verwitterung ausgesetzten Minerale [...] je nach Intensität und Dauer der ablaufenden Verwitterungsprozesse entweder unter Erhalt der Grundstruktur nur mehr oder weniger stark abgebaut oder aber vollständig in ionare und kolloide Zerfallsprodukte

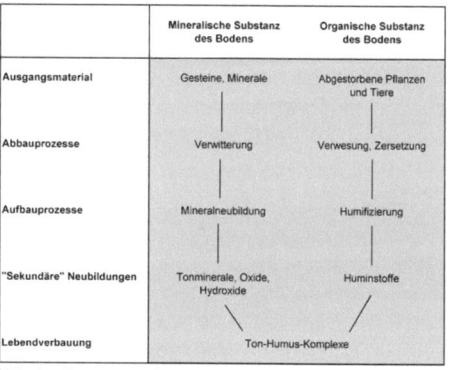

Abb. 4 uni-muenster.de

Aufgelöst. Die Abbaustufen können derart stark verändert sein, das „sekundäre" Neubildungen entstehen. Die Synthese derartiger Minerale ist aber auch aus den ionaren und kolloiden Zerfallsprodukten der Verwitterungsprozesse möglich." (Schroeder 1983:22). Dieser Prozess wird in Abb. 4 dargestellt. Durch die Umwandlung von Gesteinen, Mineralen können Tonminerale entstehen, die Wasser binden und Nährstoffe in sich aufnehmen können.

Bei der Verbraunung werden Fe(II) haltige Minerale wie Biotit und Olivin verwittert. Dabei wird Eisen freigesetzt und Fe(III) Oxide entstehen, die eine rötlich- braune Farbe dem Oberboden verleihen.

Einhergehend mit dem Prozess der Verbraunung setzt die Verlehmung ein. Durch die Verwitterung von Mineralen wie Feldspat und Glimmer, aufgrund einer ausgeprägten Bodendurchfeuchtung, kommt es zur Bildung von Tonmineralen (Baden et al. 1969:326). Die Verbraunung und Verlehmung sind vor allem in den mitteleuropäischen

Böden stark verbreitete Prozesse, aufgrund der stark vorherrschenden kryoklastischen Verwitterung während der Kaltzeiten (Blume et al. 2010:283).

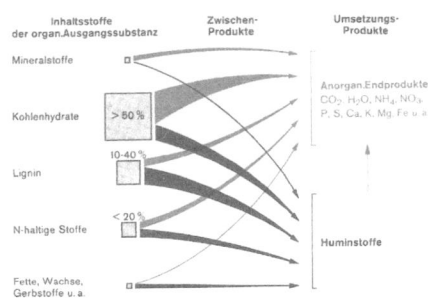

Abb. 5 Schroeder 1983:44

Bei der Humusanreicherung werden organische Substanzen beim Absterben von Pflanzen und Tieren und ihre jeweiligen Ausscheidungsprodukte überwiegend mineralisiert und der Rest in Huminstoffe umgewandelt (s. Abb. 5). Huminstoffe sind vorwiegend an der Bindung von Wasser, Gefügebildung und die Nährstoffadsorption des Bodens beteiligt (Schroeder 1983:45). Diese beiden Bestandteile bilden im Endeffekt den Humuskörper eines Bodens. Die Zersetzung ist jeweils von Standort abhängig. Der Wärme-, Luft-, Wasser- und Nährstoffhaushalt bestimmt die Intensität der Humusbildung durch die Vegetation und Tiere(Blume et al. 2010:284). Bei der Umwandlung organischer Stoffe werden laut Schroeder (1983:43,44) zahlreiche Zellinhaltstoffe und Zellwandbestandteile aus ihrem Zellverband freigesetzt. Bei der Spaltung wandeln die Pflazenstoffe in „reaktionsfähige Spalt-, Zwischen- und Endprodukte um, die zu neuen höherpolymeren, dunkel gefärbten, cyklischen org. Verbindungen kolloider Größenordnung (Huminstoffen) zusammentreten können."

Die Huminstoffbildung kann sich auf zwei Wegen vollziehen. Durch die chemische Reaktion, an der Bodenorganismen durch Aufbereitung der Ausgangssubstanzen beteiligt sind und durch die biotische Reaktion, an denen die Bodentiere durch Prozesse im Verdauungstrakt Stoffwechsel- und Autolyse- Produkte bilden. Die Bildung ist auch vom Bodenmilieu abhängig. So findet die chemische Reaktion eher in „sauren und nährstoffarmen Mineral- und Moorböden statt mit geringer mikrobieller Aktivität, während die biotische Reaktion in „schwachsauren bis neutralen, nährstoffreichen Böden mit hoher biotischer Tätigkeit" stattfindet. Die Humifizierung eines Bodens bindet dessen Bodenpartikel und bildet somit ein Gefüge, welches die Wasserspeicherfähigkeit, den Nährstoffgehalt und die Durchlüftung des Bodens steigert. Desweiteren bindet die Humusschicht CO_2 und sorgt für die Umwandlung dessen zu Biomasse.

3.2. Translokationsprozesse

Unter die Prozesse der Translokation fallen alle Verlagerungs-, Verteilungs- und Durchmischungsvorgänge im Boden. Diese Prozesse sind für eine horizontale Gliederung des Bodenhorizonts zuständig. Zu den Translokationsprozessen gehören die Abläufe der Tonverlagerung, Podsolierung, Versalzung, Vergleyung und Turbation.

Bei der Tonverlagerung werden Komponenten der Feintonfraktion (< 0,2μm) durch perkolierendes Wasser in die unteren Bodenhorizonte transportiert. Zu den Komponenten gehören Tonminerale, feinkörnige Fe-, Al-, Si- Oxide sowie Huminstoffe. Dadurch wird verarmt der obere Bodenhorizont an Tonmineralen und der untere Horizont wird tonreicher. Aufgrund der Tonverlagerung entstehen Braun- und Parabraunerden, die besonders in Deutschland vertreten sind. Nach Blume et al. (2010:288) und Baden et al. (1969:328) besteht die Tonverlagerung aus drei Prozessen.

1) Dispregierung

   Bei der Dispergierung werden die Tonteilchen, die in Aggregaten vorliegen, in Primärteilchen zerlegt. Der Transport findet vorwiegend in einem pH Spektrum von 5-7 statt, was nur bei einer geringen Salzkonzentration möglich ist und somit eine Entsalzung und Entkalkung der oberen Bodenhorizonte voraussetzt.

2) Transport

   Der Transport erfolgt über schnelles perkolierendes Wasser durch Makroporen und Schrumpfrisse des Bodens. Deshalb ist die Tonverlagerung bei wechselfeuchten Klimaten dominanter.

3) Ablagerung

   Die Ablagerung erfolgt zum einen, wenn der Boden austrocknet und somit der Wasserfluss vereebnet, zum anderen wenn das Porenvolumen stark abnimmt und damit zu klein für die Tonfraktion wird.

Der Prozess der Podsolierung tritt dann in Kraft, wenn Rohhumusauflagen über einen längeren Zeitraum aufliegen ohne durch einen anderen Pedogenetischen Faktor bearbeitet zu werden. Der Transport der aufgelockerten organischen Substanzen findet abwärtsgerichtet, bei „stark saurer Reaktion" statt. Das stark saure Milieu und der daraus resultierende Nährstoffmangel wirken hemmend auf „den mikrobiellen Abbau der organischen Komplexbildner". Beim Transport werden hauptsächlich „niedermolekulare Verbindungen der Kronentaufe, der wenig zersetzten Pflanzenstreu, der Humusauflage und der Wurzelausscheidungen verlagert." (Blume et al. 2010:289). Der Prozess bewirkt den „Abbau metallorganischen und oxidischer Hüllen der Mineralkörper und damit deren Bleichung im Boden [...]. Podsolierung führt zur Verlagerung von Nährstoffen im Wurzelraum wie Cu, Fe, Mn, Mo und P." (Blume et al. 2010:289,290).

Bei einer Versalzung der Böden werden, bedingt durch Niederschlag oder übermäßige anthropogene Bewässerung, Salze mit perkolierendem Wasser in die unteren Horizonte verlagert, können sogar in das Grundwasser abfließen. Es gibt zwei Formen der Versalzung. Die Tagwasserversalzung, die zunehmend in ariden Klimaten vorherrscht und deren Böden hauptsächlich durch Niederschläge ausgewaschen werden und die Grundwasserversalzung, die in unmittelbarer Nähe zu einer Meeresküste in humiden Klimaten ihren Standort hat.

Da der Salzgehalt eines Bodens unmittelbar in Relation zu seinem pH-Wert steht, hat der Gehalt einen Einfluss auf das Vegetationswachstum. Laut Blume et al. (2010:291) wird bei einem erhöhten Salzgehalt das osmotische Potential des Bodenwassers erhöht und somit führt das zu einer Erschwerten Aufnahme des Wassers durch die Pflanzen. Desweiteren wird bei einer Auswaschung der pH-Wert erhöht und das Bodengefüge damit destabilisiert, was zu einer Oberbodenverschlämmung und einer Tonverlagerung führt.

Bei der Vergleyung reduziert der Boden unter Einwirkung von sauerstoffarmem Grundwasser Fe- und Mn- Verbindungen, die beim Aufstieg mit dem kapillaren Wasser an der Luft oxidiert werden.

Die Turbation ist ein Durchmischungsvorgang bei dem die einzelnen Bodenhorizonte untereinander vermischt werden. Es gibt drei Prozesse, die der Turbation angehören, Bioturbation, Kryoturbation und Hydroturbation, da die Hydroturbation besonders in warmen Klimaten vorkommt, wird sie außer Acht gelassen.

An dem Prozess der Bioturbation sind vor allem Bodentiere beteiligt. Durch Ihre wühlende Tätigkeit verwischen sie die Horizontübergänge im Boden und damit auch den Übergang zwischen dem Humus- und Mineralkörper (Schroeder 1983:95). Dadurch wird „die Morphologie der Bodenoberfläche verändert". Dadurch werden vor allem Stoffe unterer Schichten wieder in die oberen Horizonte verfrachtet was zu einer starken Durchmischung des Bodengefüges führt und der „Verlagerung von Ton und Nährstoffen entgegenwirken kann. In semihumiden Klimaten kann auf diese Weise eine Entkalkung verhindert werden." (Blume et al. 2010:294). Die Bioturbation ist aber auch an gewisse Bodenverhältnisse gebunden. So ist ein produktives Ausmaß der Turbation von „günstigen Wasser-, Luft- und Nährstoffverhältnissen" (Blume et al. 2010:295) abhängig.

Die Kryoturbation verläuft ähnlich der Frostsprengung. In diesem Prozess ist aber der ganze Boden bei der Durchmischung involviert. Das Gefrieren und Auftauen eines wassergesättigten Bodens im Wechselspiel führt anschließend zu einer Volumenvergrößerung durch die Bildung von Eis aus Wasser und verursacht starke Durchmischungsprozesse und die Herausbildung „von Brodel-, Tropfen-, Taschen-Mustern- und Eislinien im Boden sowie von Frostaufbrüchen mit Buckelbildung an Oberfläche" (Schroeder 1983:95).

4.Fazit

Die Pedogenese ist ein sehr dynamischer Prozess. Bei der Bodenbildung wird die Pedosphäre von der Bio-, Atmo- und Lithosphäre durchdrungen. Durch die Vereinigung aller Sphären bilden sie den Prozess der Pedogenese. Die Faktoren und Prozesse die, die Entwicklung des Bodens ermöglichen wurden in der Hausarbeit beschrieben und erklärt. Die einzelnen Bestandteile des Bodens, die feste, flüssige und gasförmige Bodensubstanz, profilieren den Boden und bedingt durch die jeweiligen vorherrschenden Klimabedingungen, entstehen unterschiedliche Bodentypen, die sich individuell den Voraussetzungen angepasst haben.

Der Boden ist ein regenerationsfähiges Medium, welches für den Menschen von unermesslichem Wert ist. Durch die Erforschung der Bodenbildenden Prozesse muss der Mensch lernen den Boden in einer nachhaltigeren Art und Weise zu gebrauchen.

5.Literaturverzeichniss

Baden, W./Kuntze, H./Niemann, J./Schwerdtfeger, G./Vollmer, F.-J. (1969): Boden-kunde, Verlag Eugen Ulmer, Stuttgart

Blume, H.-P./Brümmer, G.W./Horn, R./Kandeler, E./Kögel-Knabner, I./Kretzschmar, R./Stahr, K./Wilke, B.-M. (2010): Lehrbuch der Bodenkunde, Spektrum Akademischer Verlag

Ganssen, R (1965): Grundsätze der Bodenbildung, Bibliographisches Institut, Mann-heim

Schroeder, D (1983): Bodenkunde in Stichworten, Verlag Ferdinand Hirt, Würzburg

http://www.diercke.de/bilder/omeda/800/3231E_1.jpg abgerufen am 27.04.2012

http://hypersoil.uni-muenster.de/0/04/03.htm abgerufen am 27.04.2012